Sitzungsberichte
der Akademie der Wissenschaften
der DDR
Mathematik – Naturwissenschaften – Technik

Jahrgang 1981 – Nr. 11/N

Gerd Lehmann

Tendenzen der Festkörpertheorie und ihre Bedeutung für die Werkstoffwissenschaft

Mit 11 Abbildungen

AKADEMIE-VERLAG · BERLIN
1981

Vortrag gehalten von Prof. Dr. sc. Gerd Lehmann,
Zentralinstitut für Festkörperphysik und Werkstoff-
forschung der AdW der DDR, vor der Klasse
Werkstofforschung der AdW der DDR am 12. Juni 1980

Herausgegeben im Auftrage
des Präsidenten der Akademie
der Wissenschaften der DDR
von Vizepräsident Prof. Dr. Heinrich Scheel

ISSN 0138-3956
Erschienen im Akademie-Verlag, 1080 Berlin, Leipziger Str. 3-4

Lizenznummer: 202 · 100/228/81
Gesamtherstellung: VEB Druckhaus Köthen
Bestellnummer: 762 982 6 (2010/81/11/N) · LSV 1185
Printed in GDR
DDR 3,– M

1. Einleitung

Wenn ich heute den Versuch wage und über die Relation Festkörpertheorie und Werkstoffwissenschaft spreche, bin ich mir der Problematik dieses Unternehmens wohl bewußt. Ich erwarte auch nicht, daß ich mit meinen Ausführungen die uneingeschränkte Zustimmung aller Anwesenden finden werde, denn einmal ist die Frage auch im internationalen Maßstab noch im Fluß und zum anderen enthält eine prognostische Einschätzung immer aus der persönlichen Erfahrung geprägte individuelle Tendenzen. Ich hoffe jedoch, daß sich aus der Auseinandersetzung neue Impulse für eine größere Wirksamkeit der festkörperphysikalischen Grundlagenforschung ergeben werden. Wenn man bedenkt, daß von den Selbstkosten der Industrieerzeugnisse schätzungsweise etwa 65% allein auf Rohstoffe und Grundmaterial entfallen, werden die Bedeutung der Veredelung von Rohstoffen zu hochgezüchteten Werkstoffen und die Rolle der Werkstoffwissenschaft für die Beschleunigung des wissenschaftlich-technischen Fortschritts offenbar. Die schnelle Preisentwicklung für Rohstoffe und Energie bei nur wenig steigenden Preisen für die Finalerzeugnisse wird auch weiterhin anhalten. Unter diesen Bedingungen ist nicht anzuzweifeln, daß die Grundlagenforschung bei der Herstellung von Werkstoffen neue Wege erkunden muß.

Die Werkstoffentwicklung basierte vor nicht allzu langer Zeit vorwiegend auf rein empirischen Überlegungen. In den letzten 30 Jahren ist der Übergang auf naturwissenschaftliche Grundlagen vollzogen worden, wobei sich die Werkstoffwissenschaft als Disziplin herausbildete. Dieser Prozeß ist noch nicht abgeschlossen, es sind jedoch deutlich Etappen zu unterscheiden. Vornehmlich die Werkstoffkunde, die Festkörperchemie und in immer stärkerem Maße die Festkörperphysik beeinflussen und tragen diesen Vorgang.

Im Mittelpunkt der festkörperphysikalischen und -chemischen Betrachtungsweise stehen die Zusammenhänge zwischen Darstellung, Struktur und Eigenschaften von Werkstoffen. Von der Aufklärung dieses Wechselverhältnisses hängt es ab, ob und wie eine gezielte Beeinflussung der Eigenschaften eines Werkstoffes möglich wird. Wie entscheidend die Verwendung genau definierter und charakterisierter Proben für das Verständnis ihrer Eigenschaften und der wirkenden Mechanismen ist, läßt sich an immer mehr Beispielen nachweisen. Dieser Weg ist erforderlich, obwohl der reale Werkstoff ein außerordentlich komplexes System darstellt. Die Integration von Erkenntnissen der Festkörperphysik in die Werkstoffwissenschaft wird sich künftig stärker fortsetzen. Die Mikroelektronik z.B. zeigt, daß dieser Prozeß schon bis zur Herstellungstechnologie reicht. Der Vorstoß in neue Dimensionen erfordert geradezu eine Betrachtungsweise, die durch die Nutzung extremer Bedingungen, neuer Strukturen, neuer unkonventioneller Technologien, wie z.B. chemischer und physikalischer Beschichtungsverfahren, gekennzeichnet ist.

Heute stellt die Festkörperphysik im internationalen Maßstab das umfangreichste Teilgebiet der Physik dar, ihr Anteil macht etwa 50% des gesamten Potentials der physikalischen Forschung aus. Sie ist jedoch bei weitem nicht das kostenintensivste Gebiet. Ihre besondere Bedeutung liegt in der außerordentlich engen Beziehung zur Werkstoffwissenschaft. Trotzdem trägt sie ebenfalls in wesentlichem Maße zur Entwicklung des Gesamtgebietes Physik bei.

Unter diesen beiden Aspekten ist der Auftrag zu sehen, den der IX. Parteitag der SED an die Wissenschaft in der DDR und damit auch an die Festkörperphysik stellt, indem er nämlich fordert: „Die Grundlagenforschung als Quelle neuer Erkenntnisse über gesetzmäßige Zusammenhänge in Natur und Gesellschaft ist im Interesse langfristiger Entscheidungen für die volkswirtschaftliche und wissenschaftliche Entwicklung auszubauen" [1].

Bei der Einschätzung der Perspektiven und Entwicklungstendenzen eines Gebietes muß man von dem erreichten Entwicklungsstand und seinen inneren Entwicklungsgesetzen ausgehen, man muß aber ebenso den gesellschaftlichen Bedarf nach neuen Erkenntnissen und Ergebnissen und auch die ökonomischen und technischen Bedingungen berücksichtigen, wie sich in der Wissenschaftsgeschichte an vielen Beispielen zeigen läßt. Theoretische und experimentelle Arbeiten stellen verschiedene, auf die Dauer nicht zu trennende Bestandteile eines einheitlichen Erkenntnisprozesses dar, und somit beeinflussen die gegebenen apparativen experimentellen Möglichkeiten auch die Entwicklung der Festkörpertheorie.

Ein wichtiges Kennzeichen der gegenwärtigen Etappe der Festkörpertheorie läßt sich ähnlich für die Kerntheorie im Unterschied zur Elementarteilchentheorie formulieren:
Die *Grundgleichungen* der Theorie sind prinzipiell *bekannt*, es handelt sich um die

Schrödinger-Gleichung und die

Liouville-Gleichung

für die statistische Formulierung. Gleiches gilt für die grundlegenden Wechselwirkungen im Festkörper. Dabei handelt es sich um die Coulomb-*Wechselwirkung* und die evtl. erforderliche Behandlung relativistischer Effekte und weiterer Besonderheiten. In diesem Punkt unterscheiden sich Festkörper- und Kernphysik, denn in letzterer ist die Wechselwirkung nicht in allen Energiebereichen mit beliebiger Genauigkeit bekannt.

Mit der Angabe der Grundgleichungen und der Wechselwirkungen ist das Problem jedoch keineswegs gelöst. Die Besonderheit besteht nämlich darin, daß Festkörper außerordentlich komplizierte *Vielteilchensysteme* mit Teilchenzahlen von der Größenordnung 10^{20} darstellen, die sich außerdem in ständiger Kopplung mit Wärmebädern befinden. Gerade in diesem Vielteichenverhalten drückt sich die neue Qualität des Problems aus. Besonders charakteristisch dafür sind kooperative Phänomene, wie z.B. Magnetismus und die Supraleitung. Derartige Effekte standen und stehen daher im Mittelpunkt der theoretischen und experimentellen Untersuchungen.

Die Aufgabe des Physikers, insbesondere des Theoretikers, ist es, aus der Vielfalt der Freiheitsgrade des Gesamtsystems die *relevanten Größen* bzw. Prozesse und deren *effektive Wechselwirkungen* herauszufiltern. Das ist die entscheidende Frage, die uns auf verschiedenen Teilgebieten in verschiedener Form entgegentritt. Diese These sei an einigen Beispielen erläutert:

1. Die niederenergetischen Anregungen eines Systems lassen sich nach Landau [2] durch sogenannte *Elementaranregungen* oder *Quasiteilchen* beschreiben, die trotz der starken Coulomb-Wechselwirkung zwischen den Elektronen fast als wechselwirkungsfrei betrachtet werden können. Am Beispiel eines Elektrons wird das verständlich durch die Polarisation, die das *Elektron* in seiner Umgebung hervorruft (Abb. 1) und die den Übergang des langreichweitigen Coulomb-Potentials $1/r$ (r Abstand vom Elektron) in die schnellabklingende Form $(\exp(-\varkappa r))/r$ bewirkt. Weitere Beispiele stellen die Phononen bzw. Magnonen dar. Es handelt sich dabei um Anregungen von Ionen des Kristallgitters aus ihrer Ruhelage bzw. um angeregte Zustände von magnetischen Substanzen, bei denen elementare Spins aus ihrem Grundzustand ausgelenkt werden, wie das in Abb. 2 für eine eindimensionale Oszillatorkette bzw. Anordnung von atomaren Spins schematisch dargestellt ist. Die Wechselwirkung der benachbarten Ionen wird dabei durch Federn modelliert, die der Spins durch Austauschkräfte. Eine lokalisierte Anregung an nur einem Gitterplatz ist wegen der starken Wechselwirkung mit den Nachbarplätzen nicht stabil, es stellen sich vielmehr kollektive Anregungen ein, an denen alle Gitterplätze beteiligt sind, wie das in Abb. 2b für die Oszillatorkette skizziert ist. Diese Anregungen werden als *Phononen* bzw. *Magnonen* bezeichnet. Derartige Anregungen zu verschiedenen Wellenlängen sind in erster Näherung wechselwirkungsfrei. Dieses Vorgehen ist für die Behandlung von Vielteilchensystemen auf atomarer Ebene üblich. Aus der Kenntnis der atomaren Ebene eines Systems kann man seine makroskopischen elektronischen, mechanischen oder optischen Eigenschaften berechnen.
2. Bei den makroskopischen mechanischen Eigenschaften besteht kein direkter Zusammenhang zur atomaren oder mikroskopischen Strukturebene, diese Eigenschaften werden wesentlich durch stabile Substrukturen mit definierter Wechselwirkung auf mesoskopischer Ebene bestimmt.

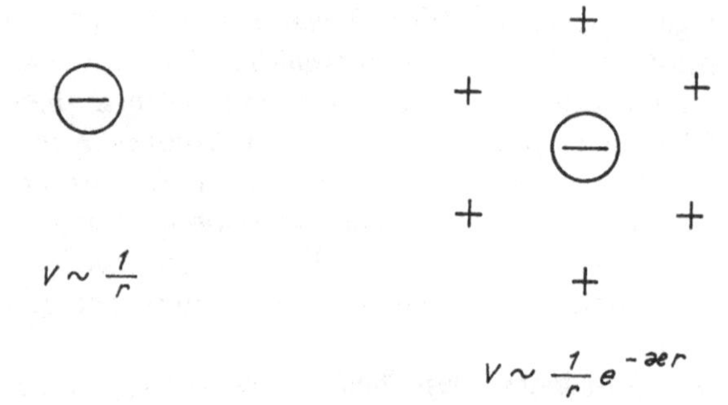

Abb. 1 Die positive Polarisationswolke, die ein Elektron in seiner Umgebung hervorruft, bewirkt die Abschirmung des Coulomb-Potentials r^{-1} in der Form $r^{-1} \exp(-\varkappa r)$

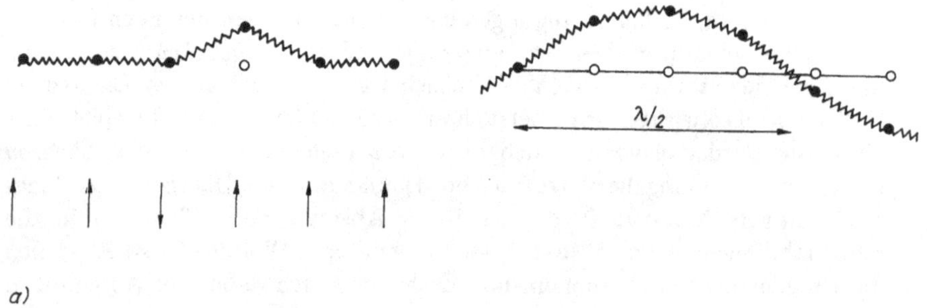

Abb. 2 a) Lokalisierte Anregungen in einer eindimensionalen Oszillatorkette bzw. Spinanordnung. Die Wechselwirkung in der Oszillatorkette wird durch Federn vermittelt. b) Kollektive Anregung der Oszillatorkette: Phonon

Das bedeutet, es bestimmt nicht ein einzelnes atomares Strukturelement das makroskopische Eigenschaftsbild, sondern verschiedenartige Wechselwirkungsmechanismen führen zu einer komplexen Reaktion des gesamten Kontinuums auf äußere Einwirkungen. Das vorgeschlagene Konzept des mesoskopischen Strukturniveaus wird in diesem Zusammenhang bedeutsam, wenn die Wechselwirkungen im atomaren Bereich dazu führen, daß sich bereits in Zwischenbereichen in erster Näherung wechselwirkungsfreie Subsysteme ausbilden, die als komplexe mesoskopische Strukturebene in Erscheinung treten. Grundsätzlich hat die experimentelle Werkstoffwissenschaft sich eine solche Position bereits seit langem zu eigen gemacht. Als Beispiel kann die Einführung des *Versetzungsbegriffs* genannt werden. In letzter Zeit verstärkt sich jedoch die Erkenntnis, daß weitere komplex reagierende Subsysteme zwischen dem atomaren sowie dem makroskopischen Bereich existieren müssen. Mit ihrem experimentellen und theoretischen Erfassen sollte man gewissermaßen Festpunkte für einen Brücken-

schlag von atomaren Strukturbereichen zum makroskopischen Erscheinungsbild gewinnen können.
Anzeichen dafür, daß eine Suche nach relevanten Observablen im mesoskopischen Bereich sinnvoll ist, kann man bereits der bekannten Tatsache entnehmen, daß eine Reihe mechanischer Eigenschaften von Realwerkstoffen nur von wenigen Strukturparametern abhängen, wobei offensichtlich Unterschiede im mikrostrukturellen Bereich der Werkstoffe eliminiert werden. Als Beispiel kann die bekannte Beziehung zwischen Streckgrenze σ_s und Versetzungsdichte ϱ in Metallen

$$\sigma_s = \alpha\, Gb \sqrt{\varrho} \qquad (1)$$

dienen, in der die Streckgrenze für verschiedenste mikroskopische Versetzungskonfigurationen in gleicher Form von dem Schermodul G, dem Burgers-Vektor b sowie der Versetzungsdichte ϱ abhängt. Der Zahlenfaktor α unterscheidet sich für verschiedene Versetzungskonfigurationen nur unwesentlich.
Ein Ansatzpunkt zur Aufklärung der gesuchten Zusammenhänge scheint darin zu bestehen, daß man von der hierarchischen Anordnung von verschiedensten Strukturelementen zwischen dem Mikro- und Makrobereich ausgehen muß. Die Strukturelemente umfassen Objekte bestimmter geometrischer und physikalischer Struktur. Die Gesamtstruktur wird neben der konkreten Verteilung der einzelnen Strukturelemente wesentlich durch die gegebene Art der Wechselwirkungen der einzelnen Strukturelemente charakterisiert. Diese Wechselwirkungen führen dazu, daß sich Subsysteme mit neuen, typischen Eigenschaften herausbilden. Diese Subsysteme müssen als relevante mesoskopische Strukturen angesehen werden. Es muß dabei betont werden, daß die Existenz und die Art der Subsysteme durch die in der Strukturhierarchie realisierten Wechselwirkungen festgelegt werden. Gegenwärtig entwickelt sich eine neue mathematische Disziplin, die sogenannte Hierarchietheorie, deren Ziel eine allgemeine Theorie solcher Systemstrukturen (Abb. 3) ist. In ihrer Allgemeingültigkeit umfaßt sie neben Strukturmodellen, wie wir sie in der Festkörperphysik antreffen, z.B. auch biologische Systeme.

Für Systeme mit mesoskopischen Strukturelementen, d.h. mit solchen, die viel größer als die atomaren Längen, aber viel kleiner als die makroskopischen Längen der untersuchten Stoffmengen sind, wie

Versetzungen,
Körner in Gefügen,
homogene Bereiche in heterogenen Stoffen,
Mikrorisse,

wird international erwartet, daß in den nächsten Jahren mehr von der Beschreibung der Strukturelemente selbst zur statistischen Beschreibungsweise

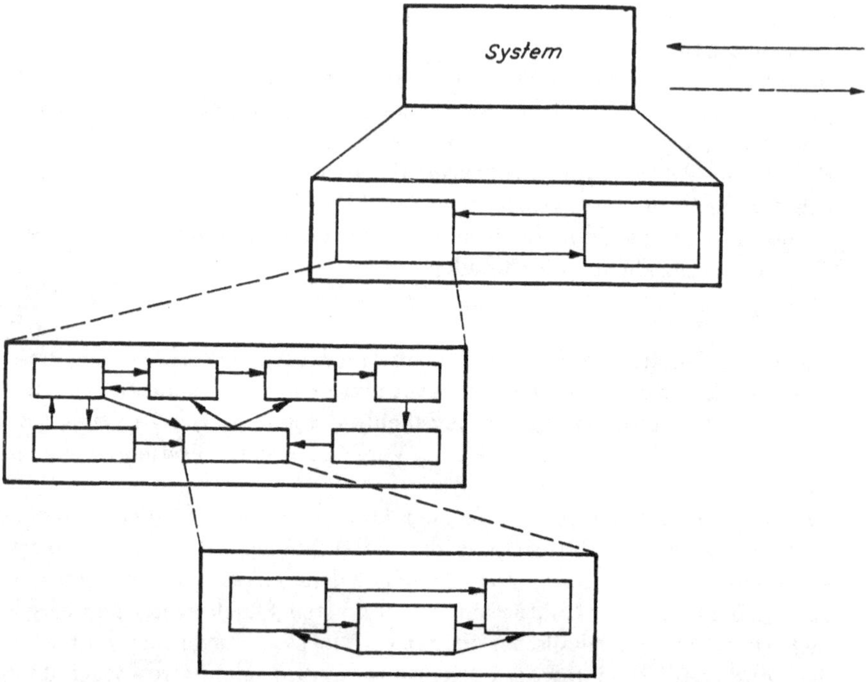

Abb. 3 Hierarchisches Zusammenziehen verschiedener relativ isolierter Strukturebenen nach MESAROVICH [3]

übergegangen wird (informationstheoretischer Zugang: maximale Nutzung der vorhandenen Information). Im Vordergrund stehen dabei neben der Untersuchung von linearen Eigenschaften wie

- elektrischer Widerstand,
- elastische Eigenschaften (deren optimale Kombination im Falle heterogener Systeme)

vorwiegend nichtlineare:

- Festigkeit,
- Bruchzähigkeit,
- nichtlineare Strom-Spannungs-Kennlinien,
- magnetische Koerzitivfeldstärke in heterogenen Stoffen.

Eine natürliche Strukturebene im realen Festkörper stellt dessen Gefüge dar. Neben den mechanischen Eigenschaften ist dieses auch für andere physikalische Eigenschaften bestimmend. Beim Magnetismus wird durch diese Strukturebene makroskopisch-magnetisches Verhalten, wie z.B. die Hysterese, wesentlich beeinflußt. Bei Supraleitern sind die charakteristischen materiellen Größen für den supraleitenden Übergang und kritische Magnetfelder entscheidend durch die atomistische Ebene bestimmt, während die kritischen Ströme in Supraleitern (Typ II) durch eine mesoskopische Ebene wie das Gefüge entscheidend bestimmt werden. Die Untersuchungen seines Einflusses und die Möglichkeiten zu seiner gezielten Einstellung bieten daher wichtige Ansatzpunkte für die Erzielung gewünschter Eigenschaften.

Im folgenden soll versucht werden, die wichtigsten Tendenzen der Festkörpertheorie in den beiden genannten Strukturebenen einzuschätzen. Das kann natürlich nur an ausgewählten Gebieten der Festkörperphysik erfolgen, Systeme wie Halbleiter werden dabei weitgehend ausgeschlossen.

2. Eigenschaften auf mikroskopischer Ebene

Das Verhalten fester Körper wird durch die Gleichgewichtseigenschaften und durch die Kinetik ablaufender Prozesse bestimmt. In der *Kinetik* interessieren gegenwärtig besonders Systeme im Zusammenhang mit der Bildung von geordneten und ungeordneten Festkörpern sowie von dynamischen oder statischen Strukturen weit entfernt vom thermodynamischen Gleichgewicht. Dieser Problemkreis ist in den Grundlagen noch wenig verstanden, die relevanten Strukturelemente und die daraus physikalisch begründeten Näherungsverfahren sind für viele Fälle noch nicht gefunden. Am besten werden verstanden:

- die lineare Transporttheorie,
- die Ansatzpunkte einer nichtlinearen Thermodynamik weitab vom Gleichgewicht und ihre Anwendung auf stabile dissipative Strukturen (die bis zu biologischen Systemen reichen).

Als allgemeine Tendenz kann man einschätzen, daß versucht wird, die vielen großen weißen Flecke auf der Karte der Kenntnis dieses Gebiets zu schließen. Besonders wegen der praktischen Bedürfnisse möchte ich folgende aktuelle Probleme nennen:

- nichtlineare Transporterscheinungen,
- Verständnis der entscheidenden Prozesse bei der Züchtung von Einkristallen,
- Wege zur Herstellung von Heterostrukturen und überhaupt von definierten Strukturierungen,
- Ionentransport (Energiespeicherung),
- moderne Verfahren der Darstellung wie Sputtern und Schnellabkühlung aus der Schmelze. Die dabei erzeugten metastabilen Gleichgewichtsstrukturen (amorphe Strukturen) erlangen für metallische Systeme wachsendes Interesse.

Von einer verallgemeinerten Thermodynamik werden grundlegende Beiträge zu folgenden Problemen erwartet:

- Verständnis des Bildungsprozesses der festen Phase (darunter auch die Kristallzüchtung),

– Charakterisierung der sich einstellenden Struktur in Abhängigkeit von den Herstellungsbedingungen.

Das bisherige Studium metastabiler Systeme zeigte, daß die Nahordnung und ihre Fluktuationen einen entscheidenden Einfluß auf die makroskopischen Eigenschaften ausüben (z.B. elektronische Halbleiter, magnetische Eigenschaften). In diesem Zusammenhang ist es wichtig, Modelle zu entwickeln, die die relevanten Strukturparameter aus der Vielzahl der erhaltenen Informationen herausfiltern, wie das z.B. in der statistischen Thermodynamik mit dem Temperaturbegriff gelang. Ein wesentliches Problem besteht darin, daß für die exakte Beschreibung eines Systems die Vielteilchenkorrelationsfunktion $f(\boldsymbol{r}_1, \boldsymbol{r}_2, \ldots, \boldsymbol{r}_n)$ benötigt wird, während durch die Experimente nur die Paarverteilung $g(r)$ gegeben ist, die aber nicht die für die Nahordnung wichtige Korrelation von drei Teilchen beschreibt. Wie auch auf anderen Gebieten der Festkörperphysik ist zur Lösung dieses Problems eine enge Zusammenarbeit zwischen Theorie und Experiment erforderlich.

Weitere entscheidende Probleme sind Aussagen über die Langzeit- bzw. thermische Stabilität von metastabilen Strukturen weitab vom thermodynamischen Gleichgewicht sowie die Phasenumwandlungen unter ihnen. Erste Ansatzpunkte dazu zeigten sich in der statistischen Theorie der Strukturumwandlung (Kinetik des Weges), wie sie von Prigogine, Haken und Ebeling entwickelt wird.

Ebenso sind erste Ansätze zu erkennen, über phänomenologische Theorien „kinetische Phasendiagramme" aufzustellen. Von all diesen Untersuchungen werden grundlegende neue Erkenntnisse zur Darstellung und zu den elektrischen und mechanischen Eigenschaften dieser Systeme erwartet, die multivalent nutzbare Ergebnisse ermöglichen. Als Beispiel dafür sind in Abb. 4 Strukturelemente für amorphe Systeme, die sogenannten Bernalschen Polyeder [4] dargestellt. Es existieren ernsthaft Hinweise, daß sich mit diesen Strukturelementen auch ein neuer Zugang zum Verständnis von Korngrenzen und von Segregationserscheinungen an ihnen eröffnet.

Von einem etwas allgemeineren Standpunkt bietet das Studium der Struktur von Systemen zwischen der flüssigen und der festen Phase vielfältige und neuartige Anknüpfungspunkte.

Die genannten neuartigen Abscheidungstechniken bieten viele Möglichkeiten zur Herstellung ultrafeiner (synthetischer) Heterostrukturen. Wir verstehen darunter Gefüge mit regelmäßiger bzw. unregelmäßiger Anordnung verschiedener Phasen oder auch einphasige Gefüge, in denen die Konzentration bestimmter Atomsorten bzw. anderer chemischer oder physikalischer Unvollkommenheiten schwankt (periodisch oder statistisch), wobei die charakteristischen Längen in der Größenordnung unter 10 nm liegen. Das gegenwärtige Hauptproblem der experimentellen und theoretischen Forschung besteht in der Aufklärung der makroskopischen Eigenschaften dieser quasihomogenen

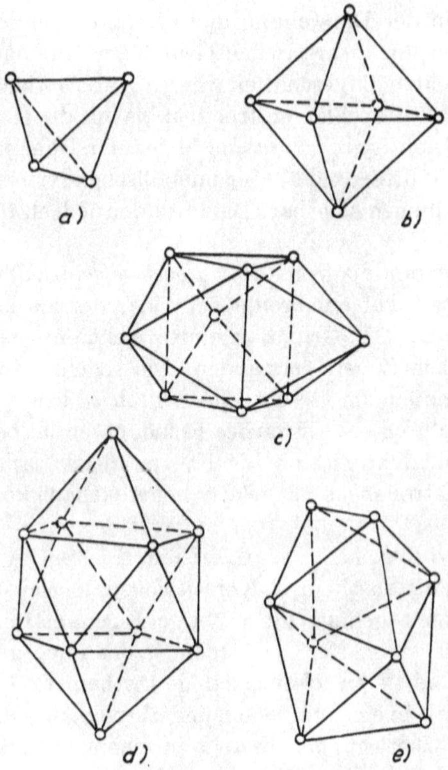

Abb. 4 BERNALsche Polyeder als Elemente amorpher Strukturen (nach [4])

Festkörper in Abhängigkeit von den charakteristischen Eigenschaften der sie aufbauenden Phasen bzw. Strukturelemente wie:

- Volumenanteil und Form,
- Oberflächenanteil,
- Dimension,
- Anordnung, Orientierung,
- „Rückwirkung" geometrischer Kenngrößen auf Phaseneigenschaften.

Bei der bisher üblichen Diskussion der Eigenschaften von Gefügen beschränkt man sich meist auf die Abhängigkeit vom Volumenanteil, der Form und der Anordnung der Gefügebestandteile. Die neuartige Zielstellung besteht in der Beeinflussung effektiver Materialeigenschaften durch

- geringe Abmessung und einen hohen Dispersionsgrad,
- dominierenden Grenzflächeneinfluß und
- periodische Überstrukturen.

Die zunächst erste Etappe besteht in der Darstellung und Charakterisierung derartiger Strukturen. Damit können die theoretischen Grundlagen für neuartige Technologien z.B. der Mikroelektronik geschaffen werden. International wird gegenwärtig sehr intensiv an diesem Problem gearbeitet; bis auf die Herstellung von Halbleiter-Heterostrukturen durch die neue Molekularstrahlepitaxie (z.B. System GaAs-AlAs) sind insbesondere für metallische Systeme z.Z. noch keine bedeutenden Anwendungen sichtbar. Diese werden jedoch für die nächsten Jahre erwartet.

Bei der Behandlung und dem Verständnis von *Gleichgewichtseigenschaften* auf mikroskopischer Ebene können wir auf ein breiteres Fundament als bei den kinetischen Erscheinungen bauen. Die Grundlagen der elektronischen Struktur reiner Metalle sind in groben Zügen verstanden. Die sogenannten einfachen Metalle, bei denen die Bindung im wesentlichen durch *s*- bzw. *p*-Elektronen verursacht wird, können durch ein schwaches Pseudopotential beschrieben werden, wobei Vielteilcheneffekte durch die lineare dielektrische Abschirmung über das homogene Elektronengas mit relativ hoher Genauigkeit berücksichtigt werden können.

Übergangsmetalle sind durch eine *d*-Resonanz charakterisiert, Vielteilcheneffekte lassen sich über ein lokales Austausch- und Korrelationspotential in guter Näherung berücksichtigen. Damit gelingt für wichtige Eigenschaften die Reduzierung auf ein Einteilchensystem. Zur Beschreibung der oben geschilderten physikalischen Situation existieren leistungsfähige mathematische Methoden, die den physikalischen Inhalt in einer einfachen und überschaubaren Form berücksichtigen. Das Ziel der Überlegungen besteht in einem tieferen Verständnis und einer quantitativen Erfassung des Zusammenhanges der geometrischen Struktur, der elektronischen Struktur (Bandstruktur) einschließlich ihrer Rückwirkung auf die geometrische Struktur mit den beobachteten Eigenschaften, die die Vorhersage von Metallkenngrößen ermöglicht. Dieses Programm ist gegenwärtig in unterschiedlicher Weise bearbeitet.

Bei den einfachen Metallen werden insbesondere die linearen Eigenschaften in guter Übereinstimmung mit dem Experiment beherrscht. Es besteht die Möglichkeit zur Behandlung von Gesamtenergien und zum grundlegenden Verständnis daraus abgeleiteter Eigenschaften wie der stabilen Gitterstruktur bzw. der Phononenspektren. Bei den Übergangsmetallen werden die entscheidenden elektronischen Eigenschaften gut verstanden, ausgezeichnete Ansätze zum Verständnis der grundlegenden magnetischen Eigenschaften von ersten Prinzipien her und auch zum Verständnis von Phononenspektren sind vorhanden. Es werden zunehmend intermetallische Verbindungen (einschließlich von Chalkogeniden und Legierungen) untersucht. Dabei spielt das Problem der Unordnung eine wesentliche Rolle. Es existieren effektive Methoden zur Behandlung realer Systeme (Methode des kohärenten Potentials: CPA in Vielfachstreudarstellung). Alle diese theoretischen Untersuchungen sind mit einer verstärkten Anwendung der Großrechentechnik verknüpft. Diese ist jedoch

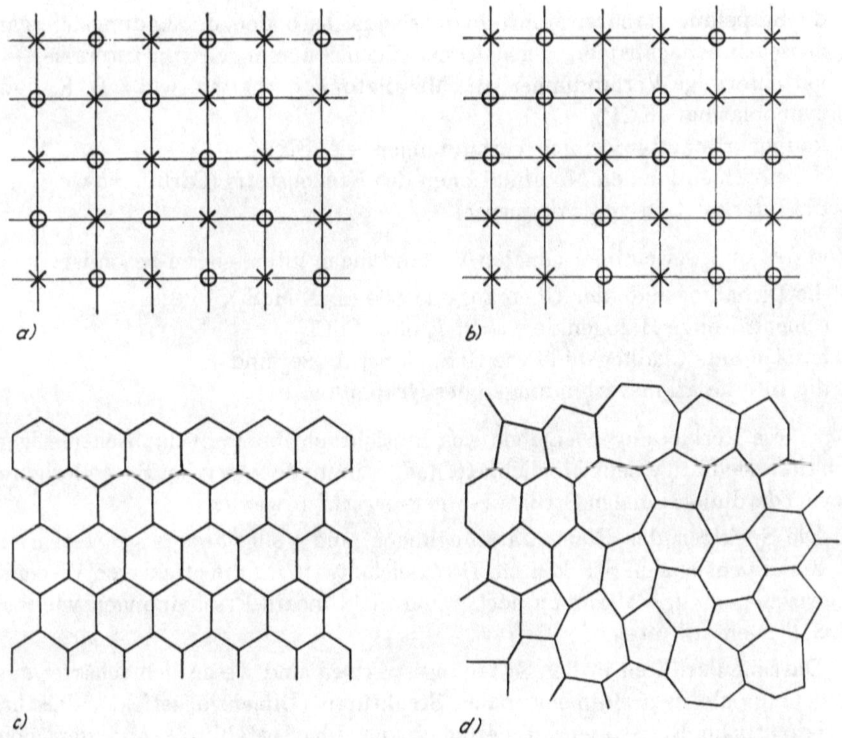

Abb. 5 Zur Definition kristalliner bzw. topologischer Unordnung: a) geordneter Kristall, b) kristalline Unordnung, c) Kristall mit dreifacher Nachbarkoordination, d) topologische Unordnung in c), wobei die Nachbarschaftsverhältnisse weitgehend gewahrt bleiben, im Gegensatz zu c) treten jedoch Fünfer- und Siebener-Ringe auf

nur ein notwendiger aber kein hinreichender Bestandteil der Betrachtungen, denn physikalische Überlegungen können nicht durch die Rechentechnik ersetzt werden.

Es besteht zunehmend die Tendenz zur Behandlung realer Systeme unter Einbeziehung von Defekten wie Punktdefekte (nulldimensional), Versetzungen (eindimensional), Grenz- bzw. Oberflächen (zweidimensional) und Störungen in der dreidimensionalen Struktur wie Phononen, die Elektron-Phonon-Wechselwirkung, kristalline Unordnung bzw. topologische Unordnung (amorphe Strukturen), wie sie in Abb. 5 näher erläutert sind. Daneben ist ein wachsendes Interesse an niederdimensionalen Systemen festzustellen. Es handelt sich dabei um *quasi-ein- bzw. -zweidimensionale Strukturen.* Bei den erstgenannten handelt es sich um

- die Stapelung planarer Moleküle, hierbei ist besonders der Ladungsübergang zwischen benachbarten, verschiedenartigen Stapelungen von Interesse,
- kettenförmige Verbindungen, die Metallatome enthalten, wie z.B. Kaliumcyanoplatinat (KCP),
- konjugierte kettenförmige Verbindungen wie $(SN)_x$,
- die eindimensionalen Modifikationen des Kohlenstoffs (Carbin) sowie
- die Interkalation von Polymeren.

Von den quasi-zweidimensionalen Verbindungen interessieren besonders

- die Dichalkogenide der Übergangsmetalle (z.B. MoS_2),
- schichtförmige Halogenide wie PbJ_2 oder $CuCl_2$,
- halbleitende Chalkogenide wie GaS, GaSe, As_2Se_3 und
- die Interkalationsverbindungen des Graphits.

Für diese Verbindungen ergeben sich hinsichtlich ihrer physikalischen Eigenschaften vielfältige neue Möglichkeiten, die durch die folgenden Besonderheiten der niederdimensionalen Strukturen hervorgerufen werden:

1. Die Spektren der Elementaranregungen sind völlig anders geartet als in dreidimensionalen Strukturen. Das gleiche trifft für die effektiven Wechselwirkungen zu, oft können hochgradig nichtlineare Erscheinungen wie z.B. Solitonen auftreten.
2. Die Singularitäten in den Anregungsspektren sind wesentlich schärfer ausgeprägt als in dreidimensionalen Strukturen (Dimensionseffekt), dies hat beachtliche Konsequenzen bezüglich der Phasenstabilität und der möglichen Phasenumwandlungen zur Folge.
3. Die thermodynamischen Fluktuationen spielen ebenfalls eine wesentlich stärkere Rolle.
4. Es werden extreme Anisotropien der Eigenschaften erwartet.
5. Es können fließende Übergänge bezüglich der Dimensionalität des Systems erreicht werden. Besonders vielfältige Möglichkeiten ergeben sich bei der Interkalation von Atomen oder Molekülen in diesen Strukturen.

Zentrale Probleme bei quasi-eindimensionalen Strukturen sind das Verständnis des Metall-Isolator-Übergangs (Peierls-Übergang) in Konkurrenz zu einem Übergang in den supraleitenden Zustand sowie das Verständnis der Transporterscheinungen. Mit der Lösung der ersten Frage ergäben sich neuartige Möglichkeiten für die Hochtemperatursupraleitung. Im Gegensatz zu anfänglich sehr optimistischen Einschätzungen werden die Erwartungen in dieser Hinsicht gegenwärtig nicht sehr hoch gesteckt, obwohl das Problem der Hochtemperatursupraleitung bei der Untersuchung eindimensionaler Strukturen noch immer im Hintergrund steht.

Bei den quasi-zweidimensionalen Systemen geht es besonders um die Darstellung definierter Schichtstrukturen, um die Interkalation von Metallatomen, organischen und anorganischen Molekülen, um die Klärung des Elektronentransports in schmalen Bändern, um elektronische Abschirmeffekte, delokalisierte Exzitonen sowie um die Nutzung von auftretenden Überstrukturen (PEIERLS-Instabilität, Ladungsdichtewellen, KOHN-Anomalien).

Die systematische Untersuchung von *Ober- und Grenzflächeneffekten* auf mikroskopischer Basis ist ein relativ junges Gebiet, es wird jedoch in den achtziger Jahren eine sehr stürmische Entwicklung sowohl hinsichtlich der Grundlagen- als auch der Applikationsforschung nehmen. Viele technisch wichtige Prozesse werden durch die Existenz, das Entstehen bzw. die Veränderung von Ober- und Grenzflächen maßgeblich beeinflußt. Im folgenden seine dafür einige Beispiele genannt:

- heterogene Katalyse,
- Korrosion,
- Verschleiß,
- Bruch,
- spanende Formgebung,
- Eigenschaften von Oberflächenbeschichtungen,
- Effekte der Mikroelektronik,
- Epitaxie,
- Darstellung und Stabilisierung heterogener Strukturen.

Alle diese Erscheinungen erfordern ein besseres Verständnis der Eigenschaften von Ober- und Grenzflächen. Der Beitrag der Festkörperphysik ist gegenwärtig noch gering. Folgende Besonderheiten sind erwähnenswert: Effekte im Zusammenhang mit der Aufhebung der dreidimensionalen Symmetrie des Kristalls, die starke Inhomogenität des Elektronengases an der Oberfläche, die Änderung der geometrischen Struktur gegenüber der Struktur im kompakten Volumen, die Erzeugung und Charakterisierung chemisch reiner, definierter Oberflächen.

Detaillierte theoretische Untersuchungen begannen erst Ende der 60er Jahre. Sie sind numerisch sehr aufwendig und erfordern eine enge Kopplung zum Experiment. Die Entwicklung moderner Methoden zur Oberflächenuntersuchung wie die Fotoelektronenspektroskopie, die Beugung niederenergetischer bzw. hochenergetischer Elektronen (LEED, RHEED), Tunnelspektroskopie und Feldemission von Elektronen und Ionen übte dabei eine starke stimulierende Wirkung aus. In der nächsten Zeit werden entscheidende experimentelle und theoretische Fortschritte zur Herstellung und Charakterisierung definierter Grenz- und Oberflächen, zur selbstkonsistenten Behandlung der Elektron-Elektron-Wechselwirkung an ihnen, zum Verständnis physikalischer und chemischer Absorptionsprozesse und der Grundvorgänge der heterogenen Katalyse sowie zur Nutzung der Ergebnisse im Hinblick auf Veredelung von Oberflächen erwartet.

Neben den mit dem Einteilchenbild erklärbaren Erscheinungen stehen natürlich auch kollektive Phänomene wie Magnetismus und Supraleitung im Mittelpunkt. Bei der grundlegenden Erklärung magnetischer Erscheinungen wurde in den letzten Jahren ein bemerkenswerter Zugang auf der Basis relativ einfacher Methoden der elektronischen Bandstruktur und der selbstkonsistenten Berechnung spinabhängiger Potentiale eröffnet. Es gelingt damit, atomare magnetische Momente, Momentverteilungen und die Austauschwechselwirkung von ersten Prinzipien her zu berechnen. Erste wesentliche Erfolge sind damit hinsichtlich reiner Übergangsmetalle und Seltener Erden abzusehen. Künftig werden diese Versuche auf Legierungen sowie amorphe magnetische Systeme ausgedehnt. Bezüglich der Supraleitung steht immer noch die Schaffung der theoretischen Grundlagen für die Entwicklung von Hochtemperatursupraleitern auf der Basis von Phononenmechanismen und anderer Mechanismen im Mittelpunkt.

Bei der Behandlung von Korrelationseffekten ist die korrekte Berücksichtigung des Vielteilchenaspekts von grundlegender Bedeutung. Auch für quantitative Aussagen im Rahmen des Einteilchenbildes ist die korrekte Berücksichtigung der Vielteilchenwechselwirkung entscheidend. Als offene Frage muß die Behandlung von Korrelationseffekten der Elektronen in stark inhomogenen Systemen bezeichnet werden. Die Lösung dieses Problems ist besonders für den Potentialverlauf und damit die Eigenschaften in Grenzflächen sowie in niederdimensionalen Systemen von außerordentlicher Bedeutung. Bei Isolatoren als schmalbandigen Systemen sind Korrelationseffekte ebenfalls entscheidend. Die bisher diskutierten Modelle (z. B. das HUBBARD-Modell) brachten nicht die gewünschte Vereinfachung des Problems.

Die Schaffung von experimentellen Möglichkeiten sowohl zur Überprüfung von Festkörpertheorien als auch zur Herstellung neuartiger Werkstoffe erfordert zunehmend den Einsatz extremer Bedingungen wie hoher magnetischer Felder, hoher Drücke, tiefer Temperaturen und der Wechselwirkung mit Strahlung. Gerade die Variation des Gitterparameters durch hohe Drücke bietet einen wertvollen Test für die Überprüfung von Theorien zum Verständnis des Normalzustandes der Materie. Als weiteres Beispiel sei die metallische Exzitonenflüssigkeit in Halbleitern erwähnt. Es handelt sich dabei um hochangeregte Halbleiter, in denen Teilchen und Löcher in hoher Konzentration vorliegen. Infolge von Abschirmeffekten zeigen diese jedoch eine wesentlich schwächere COULOMB-Wechselwirkung und wesentlich kleinere effektive Massen als die Elektronen. Der charakteristische Abstand vergrößert sich daher wesentlich gegenüber dem BOHRschen Wasserstoffradius, eine charakteristische Größe für die beobachteten Gitterkonstanten unter Normalbedingungen. Diese Vergrößerung der charakteristischen Längen bei Beibehaltung der Teilchendichte entspricht dem Verhalten normaler Festkörper unter extrem hohem Druck bzw. unter superstarken Magnetfeldern. Aus diesem Grunde werden intensive Untersuchungen an Exzitonentropfen in Halbleitern durchgeführt.

3. Eigenschaften auf mesoskopischer Ebene

Zu unserem Problem des mechanischen Verhaltens zurückkehrend, liegt die Aufgabe in der Suche nach relevanten mesoskopischen Subsystemen. Dabei besteht die Möglichkeit, empirisch von experimentellen Erfahrungen auszugehen oder deduktiv aus der Kenntnis größerer Teile der Gesamthierarchie und deren Wechselwirkung solche Subsysteme abzuleiten. Für beide Wege gibt es heute bereits erste Beispiele und wesentliche Ansätze für die weitere Entwicklung.

In den letzten Jahren ist bei der Aufklärung des makroskopischen Versagensfalls duktiler Festkörper festgestellt worden, daß in unterschiedlichsten Systemen charakteristische *lokalisierte plastische Instabilitäten* auftreten. Die Gemeinsamkeiten im äußeren Erscheinungsbild dieser Instabilitäten geben dazu Anlaß, sie als relevante mesoskopische Strukturausbildung anzusehen. Sie sind dadurch gekennzeichnet, daß ein homogenes Verformungsfeld bei der plastischen Verformung plötzlich in einen stark lokalisierten Zustand übergeht. Verformungsexperimente an Mo-Einkristallen zeigen beispielsweise bei einer bestimmten Vorgeschichte der äußeren Einwirkung lokale versetzungsfreie

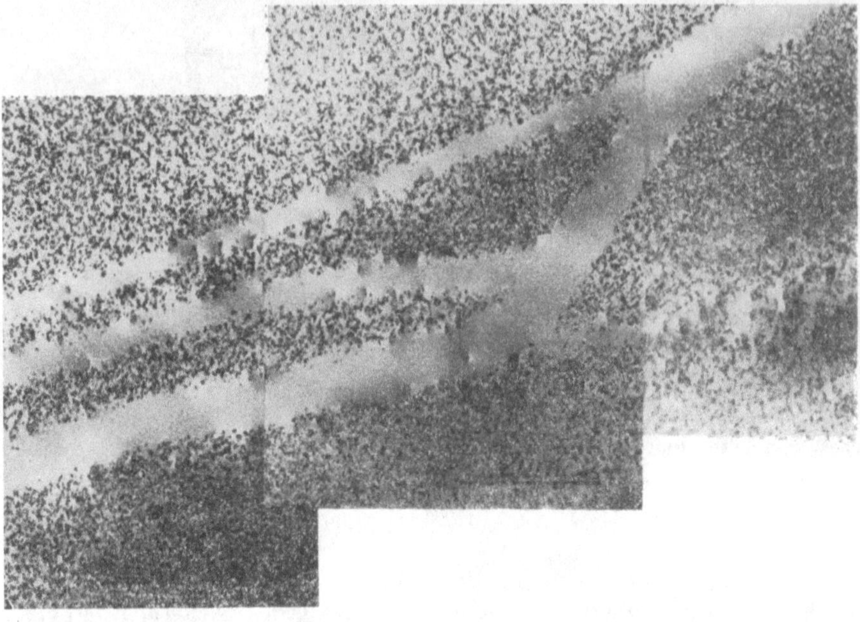

Abb. 6 Kanalbildung durch Versetzungen in Molybdän-Einkristallen (nach [5]). Die Proben wurden mit 3.10^{18} cm^{-2} Neutronen bestrahlt und danach durch mechanisches Schleifen plastisch verformt. Durchlaufende Versetzungen erzeugen die defektfreien Kanäle

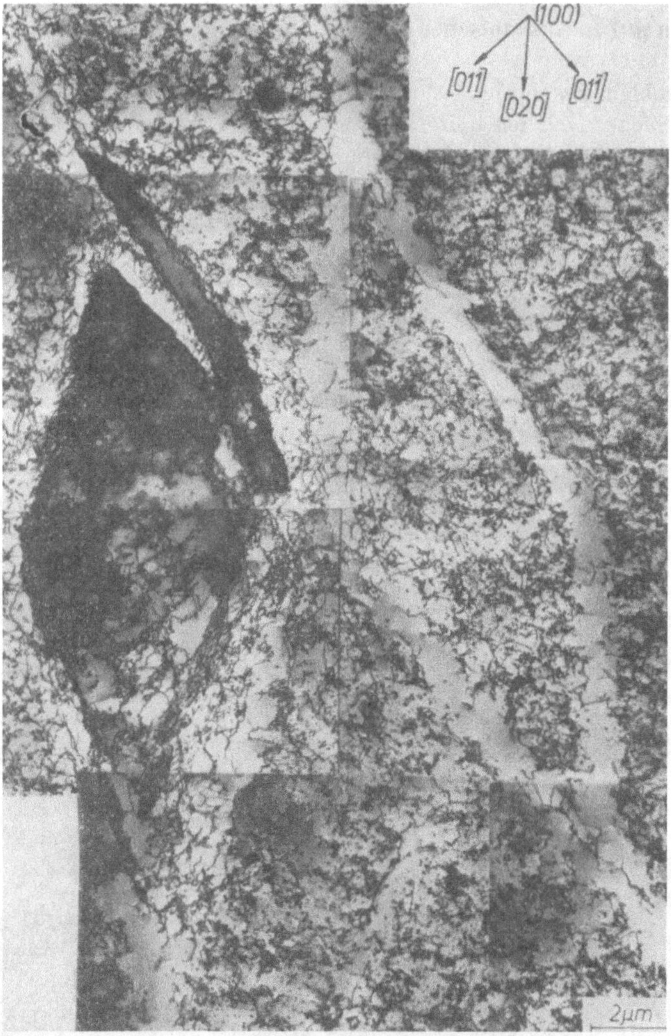

Abb. 7 Versetzungsfreie Kanäle in Molybdän-Einkristallen, erzeugt durch makroskopisches Quergleiten (nach [6]). Die Spur der makroskopischen Gleitebene (101) verläuft parallel zu [020]. Zu beobachten ist eine Gleitbandverzweigung in den Ebenen (10$\bar{1}$) und (101)

Kanäle als Ergebnis eines kooperativen Wechselwirkungsphänomens (Abb. 6, 7). Makroskopisch äußern sich diese Kanäle als grobe Gleitstufen (Abb. 8). Lokalisierte Gleitphänomene ähnlicher Form – jedoch mit Sicherheit als Resultat unterschiedlicher mikroskopischer Wechselwirkungen – sind in letzter Zeit in verschiedensten ein- und polykristallinen oder amorphen metallischen

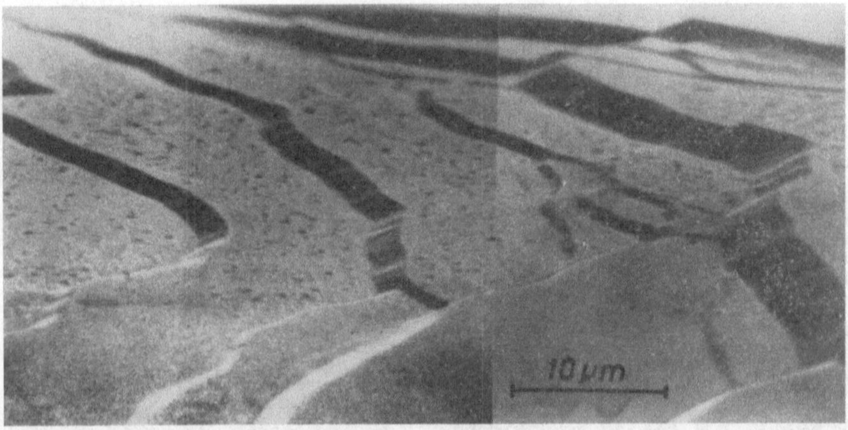

Abb. 8 Hohe Gleitstufen auf der Oberfläche eines bei 493 K nachverformten Molybdän-Einkristalls mit homogener Versetzungsstruktur (nach [7])

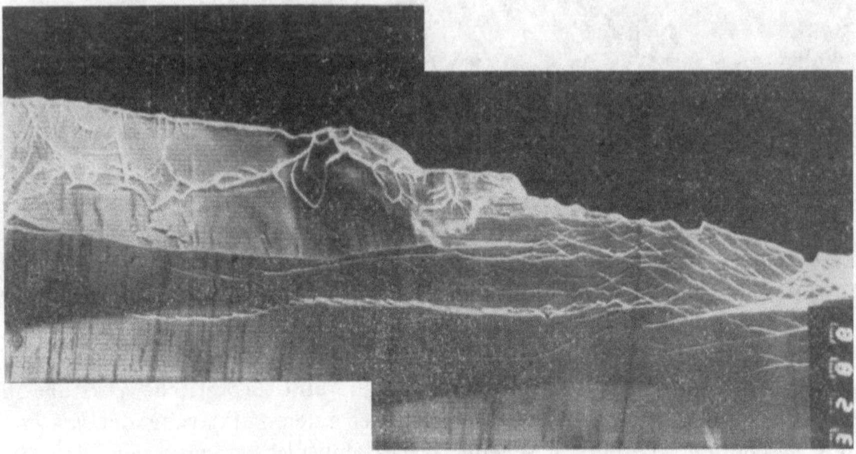

Abb. 9 Scherbandausbildung in amorphen metallischen Bändern. Diese ist keinesfalls durch eine Versetzungsbewegung hervorgerufen

(Abb. 9), aber auch organischen Konstruktionswerkstoffen (Abb. 10) oder Sinterkörpern als relevante kooperative Mechanismen im mesoskopischen Bereich festgestellt worden. Das Erscheinungsbild zeigt zwar unterschiedliche Ausprägungen und verschiedene charakteristische lineare Abmessungen, seine generelle Einheitlichkeit fordert aber dazu heraus, die Bedingungen ihres Auftretens aus einem einheitlichen theoretischen Konzept abzuleiten, zu dem grundlegende Ansätze vorhanden sind.

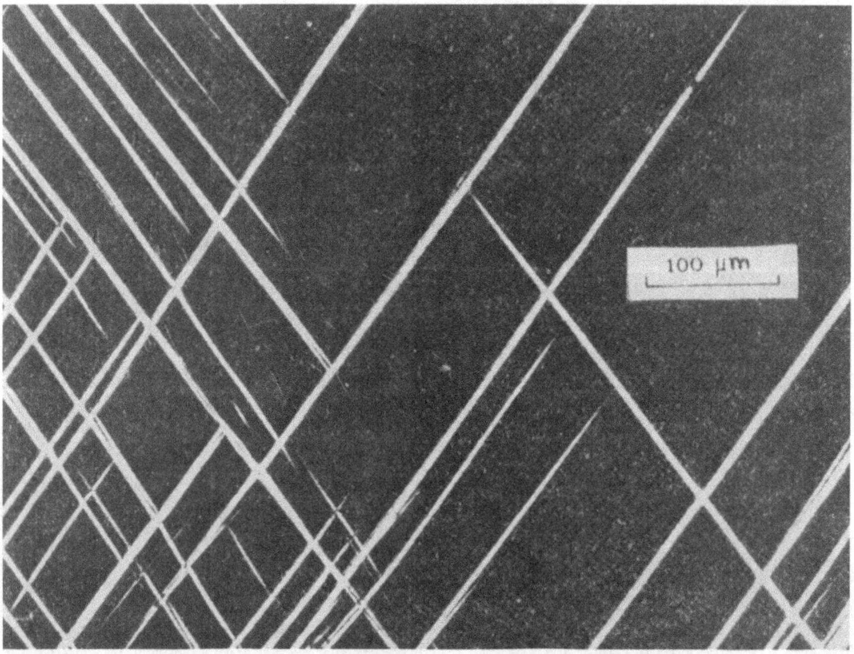

Abb. 10 Inhomogene plastische Verformungen in Polystyren unter einem ebenen Druckzustand (vertikale Kraftwirkung), nach [8]

Aus allgemeiner systemtheoretischer Sicht ist die Voraussetzung für das Auftreten dieses relevanten mesoskopischen Strukturelementes ein bestimmter Verlauf des mesoskopischen Kraft-Verformungs-Zusammenhanges, unabhängig von dessen spezieller mikrostruktureller Realisierung. Damit ist zunächst einmal ein Fundament für weitere experimentelle und theoretische Vorstöße in Richtung einer in tieferen Strukturebenen liegenden Aufklärung der Erscheinung geschaffen. Wesentlich scheint der Erkenntnisgewinn zu sein, daß alle mikrostrukturellen Einflußfaktoren solcher Instabilitäten nur über die im Instabilitätskriterium festgehaltenen Materialparameter makroskopisch wirksam werden können. Damit sind die entscheidenden Stellgrößen zur Werkstoffbeeinflussung in diesem mesoskopischen Subsystem fixiert. Eine umfassende Untersuchung der Erscheinung der lokalen plastischen Instabilität verschiedenster Werkstoffe unter den oben genannten verallgemeinerten Gesichtspunkten dürfte deshalb zukünftig den weiteren Fortschritt beim Verständnis komplizierter heterogener Werkstoffe wesentlich fördern.

In der modernen Werkstoffentwicklung wird zunehmend nach Wegen gesucht, *spröde Festkörper* wie Gläser, Keramiken, mineralische Baustoffe in stärkerem Umfange als Konstruktionswerkstoffe einzusetzen. Zentrales Problem bei diesen Werkstoffen ist die *Erhöhung der Bruchzähigkeit,* d.h., über eine weitgehend stabile Rißbildung und -ausbreitung die real nutzbare Festigkeit zunehmend an die theoretisch mögliche Festigkeit heranzuführen. Eine sehr aussichtsreiche Methode besteht darin, durch eine *definierte Heterogenisierung* des Festkörpers diesem Ziel näher zu kommen. Heterogenisierung heißt letztlich, Aufbau einer Strukturhierarchie mit zweckmäßig einzustellenden Wechselwirkungen. Akzeptiert man das Denkschema der Hierarchietheorie, entsteht mit der vorzunehmenden Heterogenisierung die Frage nach den relevanten mesoskopischen Strukturelementen, von deren Ausbildung das Makroverhalten vorrangig festgelegt wird. In jüngster Zeit sind dazu international sichtbare Fortschritte erzielt worden. Unter dem übergeordneten systemtheoretischen Aspekt wurde das genannte Problem gegenwärtig gemeinsam von der TU Dresden sowie dem ZFW Dresden bearbeitet. Bei der Aufteilung in verschiedene Strukturebenen bestimmt die Wechselwirkung der Elemente der niederen Ebene die Eigenschaften der Elemente auf der nächst höheren. Ist die Wahrscheinlichkeit für das Versagen der Struktur bei der mechanischen Spannung σ in der niederen Ebene durch die Verteilung $F(\sigma)$ gegeben, so ist die Verteilung der nächst höheren Ebene F' über die Transferfunktion φ bestimmt:

$$F'(\sigma) = \varphi(F(\sigma)).$$

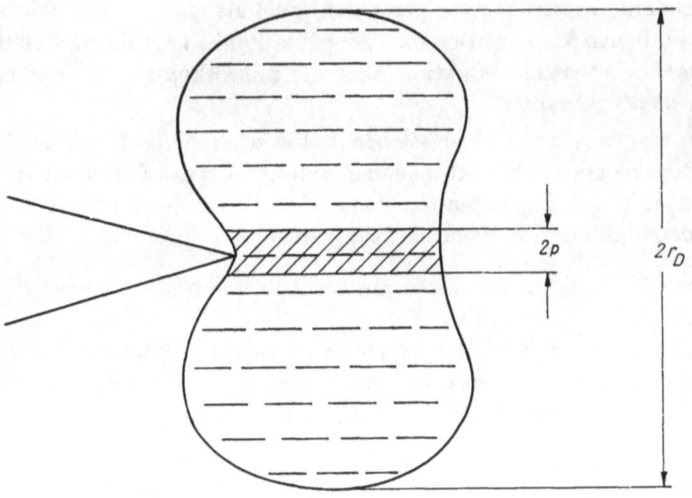

Abb. 11 Energiedissipation in Keramiken infolge von Mikrorissen. Das vom keilförmig gezeichneten Makroriß verursachte Spannungsfeld (Ausdehnung $2r_D$) wird durch die Aufweitung von Mikrorissen abgebaut. In der Prozeßzone der Breite $2p$ begünstigen die Mikrorisse die Ausbreitung des Makrorisses. Es ist daher eine optimale Dichte der Mikrorisse anzustreben

Bei starker Wechselwirkung der Elemente verursacht der kritische Teil der Verteilung die Instabilität, d.h., die Anfangsteile von F bestimmen die Eigenschaften. Aus makroskopischen Messungen sind daher nur Rückschlüsse auf diesen Teil der Funktion $F(\sigma)$ zu ziehen. Bei schwacher Wechselwirkung mitteln sich die Fluktuationen aus. Für den Transfer der Eigenschaften sind daher die Mittelwerte der Verteilung charakteristisch, es handelt sich daher um eine determinisierte Theorie.

Die Abb. 11 zeigt, wie bei keramischen und metallischen Werkstoffen gleichermaßen die makroskopische Bruchzähigkeit durch das Auftreten von Mikrorißwolken, sogenannten energiedissipativen Zonen, vor Rißspitzen erhöht werden kann. Es gelingt, die bei der überkritischen Rißausbreitung freiwerdende Energie durch die Mikrorisse in der energiedissipativen Zone aufzufangen, die Ausbreitung des Hauptrisses zu vermeiden und somit die Bruchzähigkeit zu erhöhen.

Da die geometrischen Verhältnisse der mesoskopischen Elemente nur unvollständig bekannt und reproduzierbar sind und die physikalischen Eigenschaften in heterogenen Strukturen fluktuieren, ist grundsätzlich ein statistischer Zugang erforderlich. Die statistische Festigkeitstheorie geht dabei von der Existenz von stochastischen Prozessen auf verschiedenen Ebenen der Strukturhierarchie, von einem quasiergodischen Verhalten und von der Annahme eines Informationsflusses längs der Strukturhierarchie aus. In diesem Zusammenhang entsteht die Frage nach möglichen Erweiterungen des Temperaturbegriffs im Sinne von sogenannten „Strukturtemperaturen", die als Maß für den lokalen Unordnungsgrad dienen können. Der entscheidende Punkt liegt darin, daß die darin enthaltene Informationsreduktion über die mikroskopischen Vorgänge makroskopisch nicht relevant ist.

Wir schätzen ein, daß es mit einer solchen statistischen Theorie des mechanischen Verhaltens möglich sein wird, zu einem weiteren Verständnis der makroskopischen mechanischen Eigenschaften von realen Festkörpern zu gelangen. Als entscheidende offene Probleme sind zu nennen:

- die statistische Theorie von Prozessen mit nicht-linearem Materialverhalten (z.B. plastische Deformation),
- statistische Phänomene mit lokalen Wechselwirkungsphänomenen,
- die Statistik kooperativer Prozesse vor dem Versagen eines Werkstoffes und
- die statistische Theorie der Strukturbildung und -wandlung.

4. Schlußbemerkungen

Meine Darstellung der Entwicklungstendenzen ist nur als Ausschnitt zu werten. Natürlich dominieren in den Beispielen dabei die im ZFW und bei seinen Kooperationspartnern bearbeiteten Gebiete. Ich hoffte aber, daß es mir trotz aller subjektiven Komponenten, die der Meinungsäußerung einer einzelnen Person oder einer Gruppe anhaften, gelungen ist, dennoch breitere Tendenzen der Festkörperphysik zu charakterisieren.

Die Bearbeitung der aufgeworfenen Probleme im Sinne der Erfüllung des eingangs erwähnten Auftrags unserer Partei erfordert auch künftig die enge Zusammenarbeit zwischen Theoretikern und Experimentatoren, zwischen Festkörperphysik und anderen Disziplinen sowie zwischen verschiedenen Einrichtungen.

Ich möchte abschließend die Hoffnung aussprechen, daß meine Ausführungen Anregungen enthielten, einige der skizzierten Aufgaben in der Werkstoffwissenschaft gemeinsam anzugehen.

Für die Hilfe bei der Vorbereitung des Vortrags danke ich meinen Kollegen W. Pompe (ZFW Dresden) und P. Ziesche (TU Dresden) recht herzlich. A. Luft (ZFW Dresden) danke ich für die Bereitstellung der Originale für die Abb. 6, 7 und 8.

Literatur

[1] Dokumente des IX. Parteitages der SED, Programm der SED. Dietz-Verlag 1976, S. 45.

[2] Landau, L. D., und E. M. Lifschitz, Theoretische Physik, Bd. V: Statistische Physik. Akademie-Verlag, Berlin 1979.

[3] Mesarovich, M. D., D. Maeko und Y. Takahara, Theory of Hierarchical Multilevel Systems. New York 1970.

[4] Bernal, J. D., Nature **185** (1960), Proc. Roy. Soc. A **280** (1964) 299.

[5] Luft, A., und L. Kaun, phys. stat. sol. **34** (1969) 135.

[6] Luft, A., J. Richter, Ch. Loose, Ch. Mühlhaus und K. Schlaubitz, in: M. Balarin (Hrsg.), 4. Int. Symp. „Reinstoffe in Wissenschaft und Technik", Reinststoffprobleme, Bd. V. Berlin 1977, S. 601.

[7] Luft, A., Wiss. Berichte *ZFW* **19** (1979) 159.

[8] Bowden, P. B., Phil. Mag. **22** (1970) 455.

Kolibri 360 GmbH
Ferdinand-Jühlke-Straße 7
99095 Erfurt, Deutschland
produktsicherheit@kolibri360.de